广西自然科普丛书

# 海岸守护神红树林

苏搏 著

**图书在版编目（CIP）数据**

海岸守护神红树林 / 苏搏著 .—南宁：接力出版社，2021.8
（广西自然科普丛书）
ISBN 978-7-5448-7324-6

Ⅰ . ①海… Ⅱ . ①苏… Ⅲ . ①红树林—普及读物
Ⅳ . ① S718.54-49

中国版本图书馆 CIP 数据核字 (2021) 第 156254 号

---

HAI’AN SHOUHU SHEN HONGSHULIN
海岸守护神红树林

著　　者：苏　搏
策　　划：李元君
监　　制：李元君
学术顾问：王文卿
摄　　影：苏　搏　王文卿　徐华林　唐上波　潘良浩
责任编辑：俞舒悦
装帧设计：REN2-STUDIO / 黄仁明　袁珍珍
责任校对：林　妍
责任印制：刘　签
社　　长：黄　俭　　总 编 辑：白　冰
出版发行：接力出版社
社址：广西南宁市园湖南路 9 号　　邮编：530022
电话：0771-5866644（总编室）　传真：0771-5850435（办公室）
印　　制：广西昭泰子隆彩印有限责任公司
开　　本：710 毫米 × 1000 毫米　1/16
印　　张：10.25
字　　数：133 千字
版　　次：2021 年 8 月第 1 版
印　　次：2021 年 8 月第 1 次印刷
定　　价：48.00 元

# 目录

# 北部湾的红树林

北部湾位于中国南海的西北部，东临中国广东的雷州半岛，西临越南，北靠广西壮族自治区，是一个半封闭的海湾。北部湾在广西有海岸线 1628 千米，是全国海水水质最好的区域之一。

北部湾自然资源丰富，盛产有经济价值的鱼、虾、蟹、贝等海产品，是我国优良的渔场。沿岸浅海和滩涂广阔，河口区域生长着一些绿色植物，这些特殊的绿色植物泡在海水里也能生长，它们就是大名鼎鼎的红树植物。

广西红树林资源丰富，总面积 9330.34 公顷（截至 2019 年），仅次于广东，是我国红树林资源量较为丰富的省区。

珍珠湾木榄群落

广西的红树林保护区主要分布在北海、钦州和防城港。

广西山口国家级红树林生态自然保护区位于广西北海市合浦县山口镇。保护区内的红树林生长于山口镇东南部沙田半岛东西两侧的滩涂，面积约 827.32 公顷（截至 2019 年），红树植物有 16 种。

广西北仑河口国家级自然保护区位于广西防城港市西南面北仑河口。保护区内的红树林生长于珍珠湾内的滩涂及北仑河口区域，面积约 1061.94 公顷（截至 2019 年），红树植物有 15 种。

广西还有两个红树林保护地。北海金海湾红树林生态旅游区是北海

生长在河口区域的红树林

滨海国家湿地公园的一部分，位于北海市区东南方约 15 千米的沿海滩涂，红树林面积 199.87 公顷，红树植物种类有 7 种。广西茅尾海红树林自治区级自然保护区位于钦州市钦南区，红树林生长于茅尾海湾内，面积约 1995.37 公顷（截至 2019 年），红树植物有 16 种。其他的一些红树林分布在一些小海湾和河流入海口。

这些海陆交汇地带的红树林连片宽阔，高低错落，千姿百态，枝繁叶茂，碧绿滴翠，像铺在海洋与陆地间的绿色地毯。红树林具有巨大的生态价值、经济价值和科学研究价值，同时也具有很高的审美价值和旅游价值，所以值得人类关注它。

红树林与海洋生物之间有什么关系？它对海水水质有什么影响？它对人类有什么作用？它到底有什么特殊的地方？

让我们一起走进北部湾海域去看看吧。

海水涨潮时弹涂鱼会爬到树上躲避潮水

海湾红树林

# 什么是红树林

红树林是指分布在海岸潮间带和入海河口以红树科植物为主体的常绿灌木或者乔木组成的潮滩湿地木本植物群落。

红树林并非指单一物种，而是由多种红树植物组成。红树植物是能在潮水经常性淹没的潮间带（指海水涨到最高潮位时所淹没的地方开始至海水退到最低潮位时露出水面的地带）生长和繁殖后代，拥有气生根、支柱根和海水传播繁殖体等特征的一类植物。通俗地说，红树林是可被海水间歇性浸泡的树林。

红树林中的植物包括真红树植物、半真红树植物和红树林伴生植物。

生长在河口的红树林

正红树

我国共有红树植物 37 种，其中真红树植物（只能生长于潮间带的木本植物）有 26 种，如木榄、红海榄、正红树、秋茄、桐花树等；半红树植物（能在潮间带和海岸带上生长的木本植物）有 11 种，如银叶树、海杧果、水黄皮、杨叶肖槿等。

# 为什么叫红树林

说起红树林，你脑海里浮现的是什么？也许是大海中长着一大片红色树林的画面。实际上，红树林并不是红色的，而是和其他常见的森林一样是绿色的。

为什么这些不是红色的树组成的树林却叫红树林呢？

原来，很久以前，马来人在海岸滩涂上砍一种叫木榄的植物时，发现它的木材和树皮都是红色的，甚至连砍树的刀口都被染红了，于是他们将这种树皮称为“红树皮”。后来他们刮取这种树皮，加水熬制出红色的染料，用来染渔网。染过的渔网变成了红色且不易腐烂。后来，科学家发现大多数海边生长的植物树皮里都含有一种叫“单宁酸”的物质，单宁酸与空气中的氧气发生化学反应，使裸露的树皮呈现出红褐色。红树林因此而得名。

马来人砍木榄树时发现树皮是红色的

木榄树皮中的单宁酸与空气中的氧气接触后发生化学反应，使树皮呈红褐色

大海涨潮时，红树林的一部分被海水淹没，
仅树冠露出水面，因此被称为“海上森林”

有时候红树林也会被海水完全淹没，只在退潮时才露出水面，所以也被称为“海底森林”

当你站在岸边向大海望去，红树林就像在海面上伸展的绿色地毯。当你走近红树林，你会发现红树植物其实是生长在滩涂上的绿色树丛。它们高矮不一，有的丛生，有的孤立生长；有的开红花，有的开白花；有的果实长得像毛笔，有的像半月形的小青椒，有的像蚕豆……在红树林里、林外滩涂上，有各种蟹类、鱼类、贝类和鸟类，它们与红树植物都是红树林湿地生态系统的重要组成部分。

# 红树林的分布

根据化石记录，最早的红树林出现在7000万年前。绝大部分专家学者认为，红树林是在物种进化中被“赶”下海的陆生植物，它们逐步适应了潮间带环境，练就了一套能在海水中生存的本领。

海岸潮间带生境因子，即生长环境的各个要素，如土壤、盐度、温度等决定着红树林的分布。

全球红树植物主要分布在南北回归线之间，具体来说是热带和亚热带的沿海滩涂和河流入海口区域。在印度洋及西太平洋沿岸，有上百个国家和地区的海岸都有红树林分布。从赤道向两极，纬度越高，红树植物的种类越少，红树植物的高度越低。

全球红树林总面积约为1377.6万公顷。印度尼西亚、澳大利亚、巴西、墨西哥、尼日利亚、马来西亚等国家红树林的分布面积比较大。全世界面积排名第一和第二的红树林分别位于孟加拉湾（100万公顷）和非洲的尼罗河三角洲（70万公顷）。

我国位于全球红树林分布的北缘，受自然地理条件的限制，红树林面积只占全球红树林总面积的0.2%（约为3万公顷）。主要分布在浙江、福建、广东、广西、海南、香港、澳门、台湾等地。

# 神奇的红树植物

# 红树植物独特的生存本领

红树植物与其他类型的植物不一样，它们在浪潮中生长，在淤泥中存活，在海滩上繁殖下一代。为什么它们的生命力如此顽强？

红树植物一般生长在隐蔽的海岸，或者在风浪较小的泻湖和曲折的河口港湾。这些地方大多数淤泥沉积，滩涂广布，有利于红树植物的生长。然而，即使隐蔽海岸的风浪较小，也不意味着红树植物的生长条件就很优越，因为这些地方仍然会受到周期性的潮水浸淹，水体和土壤的含盐量很高，酸性较强，黏稠并且缺乏氧气。硫及各种硫化物让这些土壤又黑又臭，对红树植物根系的生长和动物的生活非常不利。此外，虽然红树林土壤有机质丰富，但因缺氧导致土壤中的营养物质无法被红树植物利用，大部分红树植物处于营养缺乏状态。

周期性潮水浸淹的红树林生存环境

红树植物在长期与贫瘠土壤做斗争的过程中，学会了适应环境。

特殊的生存环境让红树植物练就了特殊的生存本领。形态各异的发达根系、独特的胎生繁殖方式、具有排盐和旱生结构的叶子是红树植物生存的看家本领。它们利用自身独特的结构扎根滩涂，在环境条件各异的海岸滩涂里生根发芽。

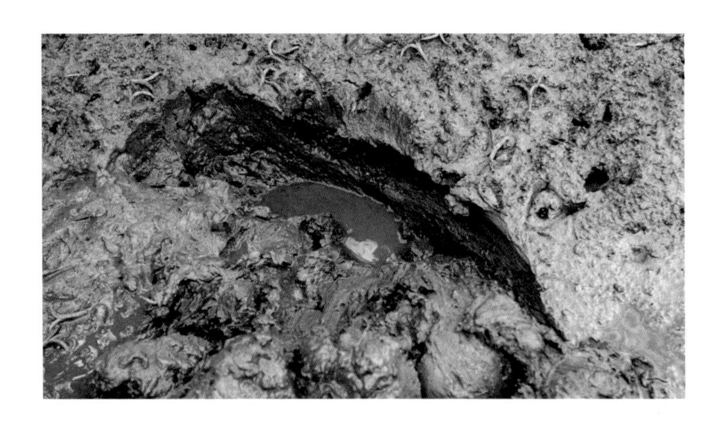

红树林生长的土壤

## 发达的根系

因为红树植物生长的滩涂土壤中含有大量水分和盐分，导致红树植物无法从土壤中获得足够的氧气。为了能牢牢扎根于海滩并顺畅地呼吸，适应不同的土壤结构，红树植物生长出了形态各异的气生根。

能让红树植物在恶劣的环境条件下顽强存活的根系到底是怎样的？来到红树林区，你只要留心观察就会发现，红树植物有着形态各异的气生根。它们有的像拱门，有的像膝盖，有的像手指，有的像竹笋，有的像一块奇形怪状的疙瘩……那么，这些根系是怎样发挥作用的呢？

气生根是由植物茎上发生的、生长在地面以上的、暴露在空气中的不定根，气生根扎入土壤后就成为支柱根。此外，也有一些气生根来自于地下根系，它们次生生长而伸出土壤表面。

气生根能够吸收气体或支撑植物体向上生长，具有保持水分和辅助支撑的功能。这种根在生理功能和结构上与其他根有所不同，能够在退潮时直接从空气中获取更多氧气，帮助红树植物更适应缺氧的淤泥环境并有效抵御风浪的冲击。

气生根可分为支柱根、膝状根、板状根、表面根、呼吸根（指状呼吸根、笋状呼吸根），这些红树植物外露的根系，也是它明显的形态特征。

秋茄的板状根

支柱根除了具有吸收养分和水分等功能，还有重要的支撑作用。支柱根从枝干上生出，向下延伸扎入泥滩，它们有些如弯弓，有些像脚手架一样，从各个方向密密麻麻地支撑着主干；有些则笔直地撑顶着树枝。

正红树的支柱根

板状根也称为板根。板状根从树干的基部生出，一片一片竖起来向周围延伸，看起来像是在主根部侧立着许多横板一样，具有支撑作用。为扩大受力面，许多板状根会呈现蜿蜒的长势，这样更加有助于增强植物的稳定性。

银叶树群落

银叶树的板状根

表面根是匍匐在地面之上的根，纵横交错状如织网一样的根系。

海漆的表面根

膝状根是突兀地从地面隆起一小节的根，或似拱门，或像膝盖，有的像一块奇形怪状的疙瘩。

木榄的膝状根

呼吸根是红树植物为应对特殊的生存环境而进化出来的主要用于呼吸的根系。呼吸根分为指状呼吸根、笋状呼吸根等。

指状呼吸根是指露出地面、形状尖细修长的呼吸根，钻出泥土后笔直地向上生长，外观类似手指且高度不超过 25 厘米。

白骨壤的指状呼吸根

笋状呼吸根是指露出地面、根部大、顶尖小的呼吸根，形状跟竹笋相似，高度可达 1 米。

无瓣海桑的笋状呼吸根

这些呼吸根的表面都有粗大的皮孔，用于协助植物体内外的气体交换。呼吸根的内部是能够储藏空气的海绵状通气组织，即使红树植物被淹没在海水中，也足以保证其正常的呼吸。红树植物为能在退潮时争取更多的时间汲取氧气，它们各尽所能，各施奇招，尽量把根系裸露在滩涂之上，以便在退潮时能与更多的空气接触，并进行气体交换。除此之外，呼吸根强劲的再生能力让它在折断后还能继续生长。

木榄根部海绵状的通气组织

木榄表皮的呼吸皮孔

红树植物都是浅根系植物，庞大根系系统纵横交错。各种类型的特化根系，具有延缓水流速度和促进泥沙沉积的作用，尤其是支柱根和板状根，使滩涂上的红树林能在强风巨浪中站稳脚跟。此外，各种呼吸根表面也为贝类、螃蟹、藻类营造了很好的栖息环境。

正红树错综复杂的根系

木榄的膝状根

## 神奇的胎生

红树植物最神奇的特征就是胎生。

胎生，对哺乳动物来说是一种再自然不过的繁殖方式，但在植物中是十分罕见的。一般植物的种子成熟以后会马上脱离母体，而且要经过一段时间的休眠，然后在适宜的温度、水分和空气条件下，才能发芽。但是许多红树植物的种子成熟以后，既不脱离母树，也不休眠，而是直接在果实里发芽，吸取母树里的养分，长成一棵胎生苗，然后才脱离母树独立生活。

这是为什么呢？因为红树林生长的潮间带往往风大浪急，滩涂上的土壤都是松软的淤泥，不利于种子的萌发和幼苗的生长。为了在这种恶劣的环境下繁殖后代，红树植物经过漫长的进化，演化出胎生方式，让后代在母树上成长成熟，获取更多的能量和营养，让后代能走得更远，对不良环境的适应能力更强。

红树植物的胎生方式有两种：一种是显胎生，另一种是隐胎生。

显胎生的红树植物（如红海榄、木榄、秋茄）的果实在离开母树前就从母株吸取养分，生长发育成绿色的棒状胚轴，并利用胚轴上的皮孔换气。那些在枝条上悬挂着的一条条绿色笔状果实，就是红树植物的胎生繁殖体，称为胚轴。胚轴下端粗重而尖锐，呈笔状，有利于胚轴成熟后从母体脱落，顺利插入母树周围的软泥中。

红海榄的显胎生笔状胚轴

木榄的胚轴和胎生幼苗

木榄的花

若胚轴无法顺利扎根在滩涂上，胚轴也可以在潮水的作用下，随水传播，到处漂流。由于胚轴表皮含有单宁酸，不易腐烂，且可避免软体动物及甲壳动物的吞噬，因此可以在海水中漂流两三个月不死。胚轴一旦被海潮冲到合适的泥滩，就能扎根生长，在其他海岸定居。这是红树植物繁衍后代和扩展其分布范围的重要方式。

木榄的胎生胚轴　　木榄显胎生胚轴发育过程

隐胎生的红树植物（如桐花树、白骨壤、老鼠簕）的种子也会在果实内发芽，形成具有幼苗雏形的胚体。不过种子发育只突破了种皮，不能突破果皮，被包在果实内，不会形成长筒形胚轴突出于果实之外，因而被称为“隐胎生”或“潜育胎萌”。这种隐胎生的果实其实已经很成熟了，一旦掉落到滩涂上，便会自己撑开果皮的包裹，生根发芽，扎根于海滩。

桐花树的果皮包裹着的隐胎生果实

白骨壤的果皮包裹着的隐胎生果实

## 特殊的细胞高渗透压和排盐功能

细胞液具有一定的浓度。如果外界的液体浓度比细胞里的液体浓度高的话，就会产生一个向内的渗透压，液体由细胞外渗入细胞内；如果细胞内的液体浓度比细胞外高的话，就会产生一个向外的渗透压，液体由细胞内渗出细胞外，细胞就会萎缩。

红树植物具有高渗透压的生理特征。红树植物渗透调节物质由无机离子和有机小分子物质组成，通过积累大量渗透调节物质来提高细胞渗透压，这有利于红树植物从海水中吸收水分，维持正常生长。

另外，红树植物的排盐功能让它在高温、高盐环境中生长时，能保证足够的水分供应，在尽量节约利用水分的同时将体内多余的盐分及时排出。红树植物的根系大多具有海绵状结构，是非常有效的过滤系统，可将根系吸收的水分中的大部分盐分过滤掉。对于过滤不掉的多余盐分，红树植物则会通过盐腺泌盐、落叶脱盐等方式将盐分排出体外。

在天气好的时候，仔细观察某些红树植物，比如白骨壤、桐花树和老鼠簕，可以发现它们的叶片表面常有一些盐结晶，这是因为它们的叶片具有盐腺，可以主动富集盐分并把多余的盐分排出去。

桐花树叶面盐腺分泌的盐结晶

## 特殊的抗旱功能

红树植物的抗旱功能也令人叫绝。在红树植物的生长环境中，水和土壤的含盐量高，加上日光的照射，使红树植物容易丧失水分，因此为了抵抗生理干旱，红树植物演化出了一系列特殊的植物形态及结构。

红树植物通常叶片厚、呈革质或肉质；叶子小而有光泽；叶子有厚膜且革质化。这些特征都可以防止水分散失和蒸发，从而达到抗旱效果。

木榄革质叶有厚角质层

榄李的肉质叶

# 认识红树植物

红树植物在滩涂上的生长有着特殊且严格的排布规律，这是各种红树植物经过漫长的进化过程，适应环境的结果。从下面的示意图大体可以看出各种红树植物从海洋过渡到陆地的分布状况，每种红树植物在红树林生态系统里都有其生态位。各种红树植物都是抱团生长以构成单一优势种群落为主，各物种群落之间也常存在着混生现象。

广西红树林湿地生态系统真红树、半红树植物生态位示意图

## 真红树植物

真红树植物，是只能生长于海岸潮间带的木本植物。

全世界的真红树植物有73种，有近60种分布在东南亚地区。我国的真红树植物有26种，海南省是我国红树林的分布中心，红树植物种类丰富，类型多样。

广西常见的真红树植物有：白骨壤、桐花树、秋茄、红海榄、木榄、老鼠簕、小花老鼠簕、榄李、海漆、卤蕨、无瓣海桑等。

### 白骨壤

白骨壤因其枝干长得比较瘦弱骨感，枝干枝条皆为灰白色，故得名“白骨壤”。广西沿海居民称之为“白榄”。

白骨壤为常绿灌木或小乔木，常见于红树林边缘。生长在最外缘，受海水浸泡时间最长，是耐盐和耐淹能力最强的红树植物，其构成的群落也是我国分布最广、面积最大、数量最多的红树群落之一。海浪到来时，它最先面对海浪的冲击，能有效降低海浪对海岸的冲击力。

仔细观察白骨壤的形态，你会发现长在最外缘的白骨壤相对低矮，它们“蹲”在滩涂上，枝干向两边弯曲，随时迎接海浪的冲刷，仿佛是红树林中的勇士，尽力消减海浪的力量，阻挡海浪前进的步伐，保护身后众多的红树植物。

为何白骨壤这么瘦弱却拥有对抗海浪的力量呢？这是因为它有发达的根系。在它的树干旁边生长着密密麻麻的指状呼吸根，指状呼吸根下面是纵横交错的主根。主根的长度通常是其树高的3—5倍，有的达十几倍，像密布于地下的一张大网，牢牢扎根于海滩上，所以它不惧怕海浪的冲刷，具有很好的消浪作用。

天气好的时候，白骨壤的叶片表面经常可见白色结晶——盐。其叶片含氮量高，可作绿肥。

海滩上的勇士——白骨壤

白骨壤植株

白骨壤的果实产量很高，可食用，在广西被称为“榄钱果”，是红树植物中被作为食物利用得最多最广的一种，因此白骨壤又被称为“海洋果树”。此外，榄钱果也是红树林区中许多动物的食物，白骨壤也因此成为海洋红树林底栖动物的“粮仓”。

白骨壤的指状呼吸根

榄钱果

结满果实的白骨壤树

白骨壤的花

白骨壤的果实

# 桐花树

桐花树在我国分布地域广，是生长面积排名第二的红树植物，主要分布于红树林外缘，在有淡水输入的河口、海湾分布最多，有红树林的地方都有它的身影。

桐花树为常绿灌木或小乔木，可高达 5 米，枝干呈黑褐色，广西沿海居民称之为“黑榄”。

桐花树花量大，花期长，是很好的蜜源，可出产高质量的蜂蜜。天气好时常可见叶片表面盐腺分泌出的白色盐结晶。桐花树的果实弯曲如新月，像山羊角，也像烛焰，又被称为“蜡烛果”。

桐花树群落

桐花树树干基部的皮孔

桐花树的隐胎生果实

桐花树的花

## 秋茄

秋茄为常绿灌木或小乔木，可高达 10 米，具有板状根；因果实（胚轴）形状似笔，别名“水笔仔”，成熟后跟茄子非常相似。胚轴富含淀粉，处理后可以食用。秋茄是最耐寒的红树植物，我国凡是有红树林的地方均有秋茄，是我国分布纬度最高、最北缘的红树植物，多分布于红树林外缘。

秋茄植株

秋茄的板状根

秋茄的花

秋茄胚轴

## 红海榄

红海榄，是我国最具代表性的红树植物种类，属常绿小乔木或灌木，可高达 10 米，支柱根发达，密密麻麻由树干往四周垂落生长，很像以前农村中用来圈养鸡的罩子，广西沿海居民称之为“鸡罩榄”。因为红海榄有许多支柱根支撑着树干，所以它的抗风浪能力特别强，多分布于红树林中内缘。

红海榄植株

红海榄的花

红海榄胚轴

## 木榄

木榄在我国海南、广东、广西、福建、香港、台湾等地均有天然分布。多分布于红树林内缘，是中内滩红树林的主要树种，也是滨海湿地公园岸边绿化的优良树种，是需要重点保护的野生植物物种。

木榄属于常绿乔木，在我国常见的高度为 3—8 米，在赤道附近的木榄最高可达 30 多米。具有发达的膝状呼吸根，有的长有支柱根和板状根。树皮呈红色，含单宁酸，可用于染渔网或鞣制皮革，也可入药。

具有发达膝状呼吸根的木榄

赤道附近高大的木榄

木榄的红色花

木榄的显胎生胚轴

## 老鼠簕

老鼠簕常长在红树林内缘、潮沟两侧，叶片表面常见盐腺分泌的盐结晶，果实像刚出生的小老鼠，根具有药用价值。

老鼠簕

老鼠簕的果实像刚出生的小老鼠

老鼠簕的花

我国的真红树植物还有许多：生长速度最快的无瓣海桑；最适应陆地环境的榄李；夏季炎热时叶子会变黄变红的海漆等。

榄李的花

海漆

海漆雄花

五、六月份的海漆群落叶子变红

# 半红树植物

半红树植物，是能在潮间带和海岸带上生长的木本植物。

在广西常见的半红树植物有海杧果、银叶树、水黄皮、黄槿、杨叶肖槿等。

## 海杧果

海杧果属于常绿小乔木，因果实的形状像杧果而得名。果实成熟时为橙红色，有剧毒，不可食用。海杧果是典型的半红树植物，树形美观，枝叶浓密，是滨海地区优良的园林绿化树种。

海杧果的果实

海杧果的花

长满果实的海杧果树

## 银叶树

银叶树因其叶片背面密布银白色的毛而得名。属常绿大乔木，可高达 25 米，有发达的板状根，具有很好的防风能力，是护岸固堤的优良树种。主要分布于高潮线附近少潮汐浸淹的红树林内缘。右图为广西最高的银叶树，已有上百年历史，高达 18.8 米。

银叶树的花
银叶树的叶子
银叶树的果实

银叶树

## 水黄皮

水黄皮因其叶子像黄皮果树的叶子而得名。属于半落叶乔木，可高达 15 米。多生长于海岸高潮线上缘。生长快，常年绿色，树冠美观，可用于海岸带绿化。

水黄皮

水黄皮的花

水黄皮的果实

# 黄槿

黄槿属于常绿乔木，可高达 10 米，树冠浓密。花朵颜色有黄色、暗紫色、红色，花大色艳，多彩多样。

黄槿在沙地、泥土、淤泥里均能生长，分布于红树林内缘、林缘、堤岸及不受潮汐影响的区域，适应性强，广泛应用于城市及海岸带绿化，是滨海地区防风、防潮、固沙的优良树种。

黄槿的花

黄槿的果实

## 杨叶肖槿

杨叶肖槿的果实

锦葵科，常绿乔木，可高达10米，生长速度快。全年开花，花大色艳，花期长，花初为黄色，渐变为淡紫色；蒴果球形，熟时为黑褐色，是典型的海岸植物。常生长于红树林林缘、海堤及海岸林中，偶见于潮位稍高的红树林中，是滨海地区优良的护堤植物和园林绿化植物，尤其适合作为滨海水景植物。

杨叶肖槿的花

# 红树林伴生植物

红树林伴生植物是伴随红树林生长的草本植物、藤本植物及灌木，通常生长在红树林的边缘地带。

## 露兜树

露兜树科，多年生有刺灌木或小乔木，高 2—6 米，通常有气生根和支柱根；叶子长披针形，硬革质，叶缘及叶背中肋有锐刺；花淡黄色；聚合果为球形，成熟后为金黄色，形状似菠萝，故有“野菠萝”之称。是典型的海岸植物，常成片生长于红树林边缘，也就是海岸林带的最前沿。

露兜树

露兜树的果实

## 草海桐

草海桐科，多年生常绿直立或铺散灌木，高 1—3 米。花冠白色，中下部粉红或淡黄色，筒状，左右对称。花果期 4—12 月。是典型的海岸植物，常见于基岩海岸岩隙和高潮线以上的沙滩，在红树林林缘常见其身影，是常见的红树林伴生植物。

草海桐

草海桐的花

草海桐的果实

## 苦槛蓝

苦槛蓝科，常绿灌木，高 1—2 米，花冠漏斗状钟形，白色，有紫色斑点；实果成熟时为红色。花期 4—6 月，果期 5—7 月。苦槛蓝是海岸及海岛特有植物，常见于基岩海岸石缝、高潮线以上的沙滩和石砾地、红树林内缘的淤泥质滩涂。它具有防浪护堤的作用，还具有很高的观赏价值，可以应用于城市绿化。

苦槛蓝群落

苦槛蓝的果实

苦槛蓝的花

# 马鞍藤

旋花科，多年生匍匐草本，有白色汁液；茎极长，匍匐于沙地；叶子形如马鞍，故名马鞍藤；花冠漏斗状，像喇叭花，有粉红色或浅紫红色，偶见白色；花期在夏秋季；果实成熟时为棕褐色。

马鞍藤是典型的海岸植物，是生长在海岸沙地最前沿的植物种类，从高潮线附近一直到潮上带均有分布，也可以在泥质土壤中生长，并经常在红树林内缘出现。

马鞍藤适应性强，生长快速，根系发达，叶形奇特，花大色艳，花期长，有“海滨花后”之称，是海岸沙地绿化及防风固沙的首选植物，也是海岸坡地绿化的优良植物。

马鞍藤的花

马鞍藤的果实

# 红树林生态系统

红树林生态系统是由众多的植物和真菌、细菌、藻类、浮游动物、底栖动物、游泳动物、昆虫、两栖动物、爬行动物、鸟类、兽类等3000多种生物构成的，它们在系统里充当着不同的角色，共同维护红树林生态系统的生产力。

红树林生态系统

红树林生态系统内部构造复杂多样，具有强大的包容性，为藻类及微生物提供了良好的生存条件。微生物可是在生态系统中起关键作用的“小家伙”，虽然我们肉眼看不见它们，但它们在红树林区高温、高湿、干湿交替的环境中，在潮水的反复冲击下，能把红树林地上部分凋落的花、果、树叶、枝条及地下部分死亡的细根快速分解。

经过分解的红树林凋落物逐渐变成营养物质，提高了红树林底质的有机质含量，所以林区下藻类很多，浮游生物大量聚集。由于红树林特殊的内部环境和丰富的有机营养，在涨潮时众多浮游动物随潮而至，无数小鱼小虾也进入林区觅食和躲避天敌，林区因此成为近海许多动物的大饭堂、庇护所和育儿所。

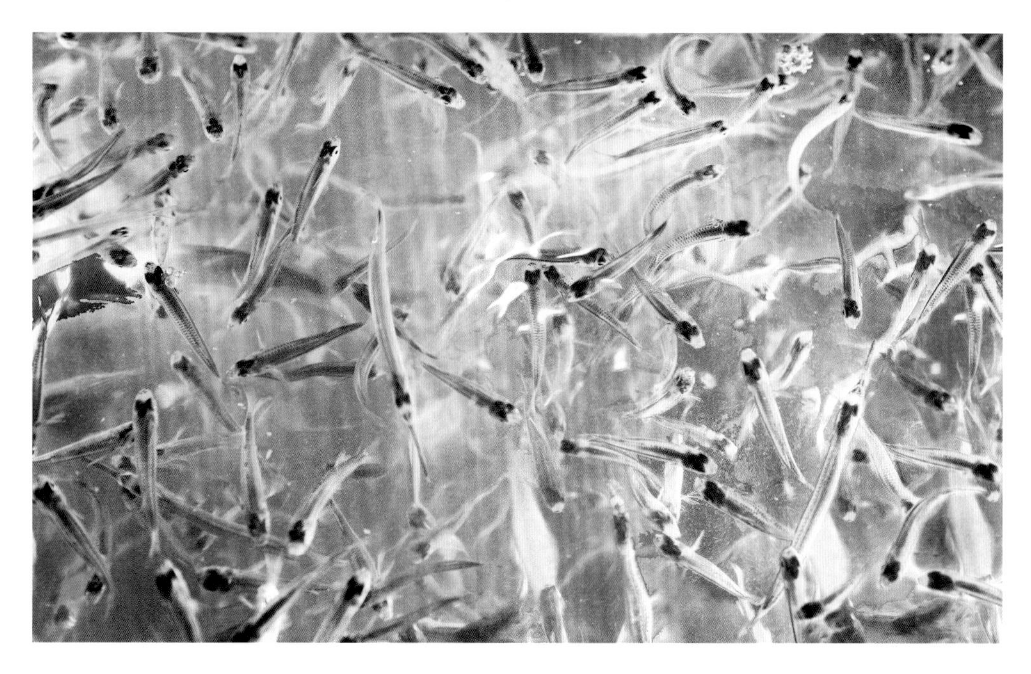

聚集在红树林区的大量小鱼群

红树林作为近海海洋生物的主要能量来源，在提供食物的同时，特殊的根系及松软的滩涂为底栖动物提供了多样的栖息地和安全的庇护地，为数以万计的海洋生物提供了生存、觅食、繁衍的环境，从而使红树林生态系统成为一个多姿多彩、生机勃勃的世界。

枝叶、花、果实等凋落物是红树林生态系统的能量来源

# 红树林丰富的生物

## 虾兵蟹将的世界

众多虾蟹的行为，极大地改变了红树林的土壤环境，让红树林生长得更好，这些“小家伙”们创造了生态大奇迹。

走到红树林树下，会看到淤泥里密布着大大小小的洞穴和小水坑，只要你安静地在淤泥旁边待上几分钟，就会发现洞穴里冒出很多红黑色的或草绿色的甚至是如钻石般蓝的小螃蟹在洞穴边勤快地觅食。红树林下的滩涂，蟹的种类繁多，有些色彩鲜艳，有些有很好的环境伪装色，如果你不注意的话，很难发现它们。有些小螃蟹火柴头似的眼睛能够360 度观察周围的情况，稍微有点动静，它们就会闪回自己的洞穴。大多数小螃蟹是很怕人的，只有身穿伪装色衣服的小螃蟹不怕人，还有就是在打架和谈恋爱时的小螃蟹不怕人。最怕人的是身穿华丽彩衣的小螃蟹，稍微有点动静便迅速逃开，它们基本上不会离开自己的洞穴太远，而且总是小心翼翼的。这可能是因为它们穿着太过艳丽，太容易被发现了。

寄居蟹

双齿拟相手蟹

中华东方相手蟹

小螃蟹在潮水退去后，在滩涂上自由自在地觅食、谈恋爱、打架、争夺地盘、建筑洞穴。潮水上涨时，它们会迅速用泥团封好洞穴口；假如来不及回到洞穴中，它们会爬上红树植物的树干或树枝上躲起来，等待潮水退去再下来觅食。

小生命也能创造生态大奇迹，红树林生长的好坏与这些小生物有着密切的关系。正是因为这些数量众多的虾蟹的摄食行为、生物扰动行为和挖洞行为，极大地改变了红树林土壤的透气透水条件，有利于氧气向底层土壤传递和二氧化碳的排放，避免了有毒物质的过度积累，提高了土壤中的微生物分解有机碎屑物的能力，改变了潮间带的微地形和滩涂表面的粗糙度，更有利于红树植物的生长。

接下来就让我们一起来认识一下这些虾兵蟹将吧。

擅长爬树的双齿拟相手蟹

## 鼓虾

在红树林中安静地待上几分钟，你会听到“啪、啪、啪”，像小鼓发出的声音从不同的方向传来，既有力又温婉，越听越有韵味。是谁在轻轻拍打着小鼓？是鼓虾。它们在红树林下捕食猎物时通过较大的虾螯制造高强声波，震死或击晕猎物，之后迅速将猎物拖回洞穴中进食。因此鼓虾也被称为手枪虾。

鼓虾

## 青蟹（锯缘青蟹）

青蟹喜欢栖息于红树植物的根基附近和岩礁石洞或其他比较隐蔽的地方。

青蟹食性很杂，以软体动物和小型甲壳动物为主。白天穴居，主要在夜间觅食。眼睛和触角感觉灵敏，能在夜间自如活动，它们尤其喜欢涨潮的夜晚。夏天，青蟹的活动更为频繁，但低潮水浅时它们多潜伏于泥底以避暑热。

青蟹打架特别厉害，它的附肢在受到强烈刺激或机械损伤时会自行断掉，这叫自切。自切后，青蟹可以在切断处长出新足，新足比原来的附肢略细小。

青蟹（锯缘青蟹）

在滩涂上谈恋爱的青蟹（锯缘青蟹）

## 招潮蟹

红树林中最可爱的是招潮蟹。招潮蟹是一类螃蟹的统称，共有 100 多种。招潮蟹有一对火柴棒般突出的眼睛，眼柄细长。觅食时，招潮蟹会将两只眼睛高高竖起，非常注意观察周围的动静，一旦发现危险，就迅速逃回洞穴里。

招潮蟹雄蟹的最大特征就是大小悬殊的螯。大的那只称交配螯，颜色鲜艳，有特别的图案，重量几乎为身体的一半，长度为自身甲壳直径的三倍以上；小螯极小，用以取食，称为取食螯，也就是它的饭勺，用以刮取淤泥表面富含藻类和其他有机物的小颗粒送进嘴巴里。如果雄蟹不幸失去大螯，原处会长出一个小螯，原来的小螯则取而代之长成大螯，发挥相同的功能。

弧边招潮用小螯在觅食

招潮蟹雌蟹的大小和形状跟雄蟹差不多，但两螯都相当小，而且对称，指节匙形，均为取食螯。雄蟹的颜色较雌蟹的鲜艳，颜色有珊瑚红、艳绿、金黄和淡蓝色。

北方凹指招潮幼体　清白招潮

弧边招潮　中华东方相手蟹

招潮蟹雄蟹常在涨潮时舞动大螯或用大螯在自己的甲壳或淤泥地面上拍打发出声音，这是它在自己的地盘发出警示，警告别人不能走近。

北方凹指招潮蟹

如果两只雄蟹争夺地盘或异性，大螯便成为它们有力的搏斗武器。雄蟹用它的大螯战胜了其他对手，就可以用大螯来向心仪的雌蟹发出求爱信号。大螯作为求爱工具也有不方便的时候，当雄蟹想拥抱雌蟹时，大螯就显得有点碍手碍脚了。

恋爱中拥抱在一起的招潮蟹

招潮蟹靠视觉和听觉来进行群体通信和联络。招潮蟹以洞穴为生活的中心，在洞穴里既可以避免水陆各类捕食者的侵袭，又可以避免潮水浸淹或太阳直射。

## 和尚蟹

在红树林外缘沙泥质滩涂经常会看到一种可爱的蟹，叫和尚蟹，又名短指和尚蟹、兵蟹、海珍珠或海和尚，因其淡蓝色的蟹壳像和尚头而得名。

与一般的蟹不同，和尚蟹是一种遵守纪律的群居动物，涨潮时生活在潮间带沙土的地道中，退潮时出来活动。雌雄蟹外表没有明显差异，将腹部打开才能分辨雌雄。和尚蟹平均体重约为 2 克，可以向前走，与其他螃蟹横着走不同。它们通常会成群结队行动，如同千军万马在滩涂

上摄食，所以又被称为兵蟹。它们对声音非常敏感，能感知 20 米外的动静，所以一旦感觉到有物体靠近，它们马上在 10—20 秒内以旋转身体的方式潜入泥沙里而集体消失。

在白天很难抓住和尚蟹。除了在地表进食外，它们有时会藏身于地表下，微露双螯取食表土。它们滤食后的拟粪（不能利用的残渣集中形成的小土球，称为拟粪，有别于真正通过消化道从肛门排出的粪便）堆积至地表上，有时形成一些漂亮的图案。和尚蟹这种摄食方式如地鼠挖地道，故称为隧道式摄食。

成群结队觅食的和尚蟹

像头戴淡蓝色头盔的和尚蟹

和尚蟹的隧道式摄食方式

# 奇特的鱼类

红树林生态系统的特殊环境造就了许多奇特的鱼类。

在红树林区里如果发现有小水坑变得浑浊，或者冒出一些水花，里面肯定藏着好东西，有可能是乌鱼或其他神秘的鱼类；如果水坑里冒出一双双黑色的小圆头，那应该是弹涂鱼的眼睛。这些水坑里的小鱼小虾都是来不及随海水退去的“弄潮儿”，借着红树林的遮蔽，没有太阳的曝晒，也没有天敌，安稳地住在这一小型海洋生物的天然庇护所里。

## 弹涂鱼

行走在红树林滩涂中，不经意间就会发现有一种鱼在跳跃，飞快地逃跑，然后停在不远处，鼓鼓的嘴角往下弯，像受了一肚子的委屈似的，这就是弹涂鱼。

弹涂鱼有神奇的本领，会走路，会跳跃，会爬树，会游泳，还可以腾空飞跃一小会儿。弹涂鱼因其奇特的外貌和特殊的能力而受到科学家的关注。弹涂鱼主要栖息在海边的滩涂上，那里的滩涂非常泥泞湿滑，想要观察弹涂鱼还是很困难的。

会爬树的弹涂鱼

弹涂鱼的伪装色能与环境融为一体

弹涂鱼能在陆地进行活动，要归功于它发达的胸鳍。它的胸鳍肌柄相当于爬行动物的前肢，在地上活动时，弹涂鱼先将胸鳍撑在地上，再将身体向前拖去，如此快速重复这个动作。当胸鳍向前运动时，腹鳍起着支撑身体的作用。

弹涂鱼在爬树时，腹鳍就像吸盘，帮助身体附着在树干上。它体长虽然仅有约 10 厘米，却能在泥沙中挖掘深度近 40 厘米的洞穴。

弹涂鱼除了能用鳃呼吸外，还可以凭借皮肤和口腔黏膜来摄取空气中的氧气，因此能够离开水体而在陆地上活动一段时间。当弹涂鱼皮肤被太阳晒干时，它就爬入小水坑中洗个澡，然后再爬出来继续觅食。

每年的春季是弹涂鱼的繁殖期。在红树林滩涂上，很容易观察到忘情求爱、相互尾随的弹涂鱼。雄鱼甚至会冒着生命危险求偶。

在大部分时间里，弹涂鱼的身体呈现灰色或者淡茶色，与滩涂颜色融为一体，可以很好地保护自己，不易被捕食者发现。当繁殖季节到来，雄鱼的体色便会发生巨变，会变成粉红色，甚至玫瑰色。像这样在繁殖期才表现出来的特殊体色被称为“婚姻色”。当周围可追求的雌鱼较少时，雄鱼的婚姻色会更鲜艳。婚姻色可谓是雄鱼大无畏的爱情宣言，虽然能够吸引雌鱼，但也容易被捕食者发现。

只有婚姻色使自己帅气靓丽还不够，弹涂鱼还得努力地准备“新房”，因为雌鱼产卵需要一个安全而隐蔽的“产房”。为了营造“新房”，雄鱼必须不分昼夜地挖掘泥沙，将泥团含在嘴里一趟一趟地运出洞穴。经过大约两天的辛勤劳动，“新房”才能建好。

除此之外，忙碌的雄鱼还要通过表演“舞蹈”向雌鱼表达自己的爱意。在雌鱼距离较远时，雄鱼会高频率地跳起。如果雌鱼在身边，雄鱼就会像妖娆的舞者，鼓起鳃，弓起背，支起尾鳍，扭动身躯。假如雌鱼被雄鱼靓丽的婚姻色和动感的“舞蹈”所吸引，就会跟随雄鱼在泥滩上缓缓漫步、兜兜转转，最终进入“新房”。

雌鱼对“新房”的要求非常高。许多雌鱼在视察了“新房”后，如果不满意的话，就会果断离开；如果满意的话，就选择留下，并在“新房”内停留数小时，在产卵室的“天花板”和“墙壁”上产下一层卵，然后潇洒地离去，将卵的后续孵化工作留给雄鱼。

弹涂鱼的婚姻色

## 中华乌塘鳢

在红树植物根系附近或水坑较大的洞穴里，常常会有一些中华乌塘鳢（俗称乌鱼）在里面躲藏。中华乌塘鳢身体呈圆柱状，粗壮，前部呈圆筒形，眼睛小，口宽大，唇较厚。鱼体黑褐色或有暗褐色斑纹，腹部浅褐色，远看就像一根乌黑的圆柱。

藏在红树植物根系下的中华乌塘鳢

水坑中的中华乌塘鳢

中华乌塘鳢为近岸暖水性小型底栖鱼类，多栖息于中低潮区及红树林区的潮沟里、滩涂的洞穴中，退潮时会躲藏在泥滩的孔隙或石缝中。该鱼为夜行性鱼类，性凶猛，摄食小鱼、虾蟹类、水生昆虫和贝类。

藏在石缝里的中华乌塘鳢

# 有趣的软体动物

软体动物是红树林大型底栖动物中重要的类群之一，它们物种数量多、栖息密度高、生物量巨大。软体动物的摄食、掘穴和排泄等行为，对红树林生态系统的能量流动、物质循环和信息传递起着重要作用。软体动物对环境变化十分敏感，是非常好的指示生物类群，也是红树林区水鸟的主要食物来源之一。

当你进入红树林区，只要留心观察，便会发现红树林里到处都是有趣的软体动物，树叶、树干、树枝、花朵和地下滩涂等地方都有它们的身影。红树拟蟹守螺作为红树林的标志性软体动物，更是随处可见。

难解不等蛤

斑肋滨螺

红树拟蟹守螺喜欢栖息于红树林沉积物表面，涨潮时向树干或树枝高处爬行以躲避潮水，以树皮上的大型藻类和沉积物表面的有机碎屑为主要食物。

红树拟蟹守螺　　珠带拟蟹守螺

牡蛎

黑荞麦蛤　　黑口滨螺

珠带拟蟹守螺群

在红树林区里行走，稍不留心就会踩到瘤背石磺，俗称“土鲍鱼”。林区里隐藏着许多有重要经济价值的海洋生物，瘤背石磺就是其中的一种。

瘤背石磺，因其背部密布瘤状突起而得名，又被称为“土海参”“状元鳖”“涂龟”，也是一种软体动物。瘤背石磺全身裸露无壳，外形酷似癞蛤蟆或土疙瘩，背部灰色，有一个背眼，头部背面有一对触角，眼位于触角顶端。常活动于高潮带及潮上带的滩涂，也经常攀爬在红树植物的树干或气生根表面。它的颜色与环境色相近，需要特别留心才能发现它。但也有办法找到它，因为它会边吃边排泄，在它身后总有一条弯弯曲曲的屎道，在屎道尽头就能找到它了。

与滩涂颜色融为一体的瘤背石磺

拖着长长屎道的瘤背石磺在觅食

当你走到红树林外缘或林间空隙，就会发现一种非常漂亮的螺，它们的名字叫奥莱彩螺。

奥莱彩螺以其壳表面色泽及花纹变化多样而出名，颜色有白、紫、黑、黄、绿、褐等，花纹有带状、网纹状、星点状等，每一个奥莱彩螺的花纹都不一样。奥莱彩螺常大量聚集于红树林外缘沙质及沙泥质滩涂或红树林林间空隙，以藻类和有机碎屑为食。

奥莱彩螺群

# “活化石”夫妻鲎

世界上有四种鲎：美洲鲎、中国鲎、南方鲎、圆尾鲎。我国有中国鲎和圆尾鲎，主要分布于广东、广西、海南、福建、浙江等地的沿海海域。鲎为暖水性底栖节肢动物，栖息于沙质的浅海区，喜潜沙穴居，只露出剑尾，在红树林湿地潮间带的泥滩上常见。

在海草床上的小鲎

鲎是地球上有着 4 亿多年生活史的“活化石”，它至今仍保留着原始而古老的相貌。鲎的血液因含有铜离子而呈蓝色，身体由宽阔的马蹄形的头胸部和分节的腹部及一根长而尖的剑尾组成。它有 4 只眼睛，头胸甲中脊前端两只小单眼能感受紫外线，用来感知亮度；侧面还有一对复眼。头胸部的腹面有 6 对附肢：第一对称为螯肢，专门用来捕捉猎物；其他 5 对附肢长在口周围，进食时当手用，步行时当脚用，每个附肢基节内侧均有长刺，用来剥离食物并将食物送入口中。

鲎的剑尾又直又长且坚硬，有助于保持平衡，亦可在搁浅翻转时，借剑尾来翻身。当我们观察鲎时，一定不要用手提剑尾，避免伤害剑尾影响其平衡，可用手捧着其头胸甲部位进行观察。

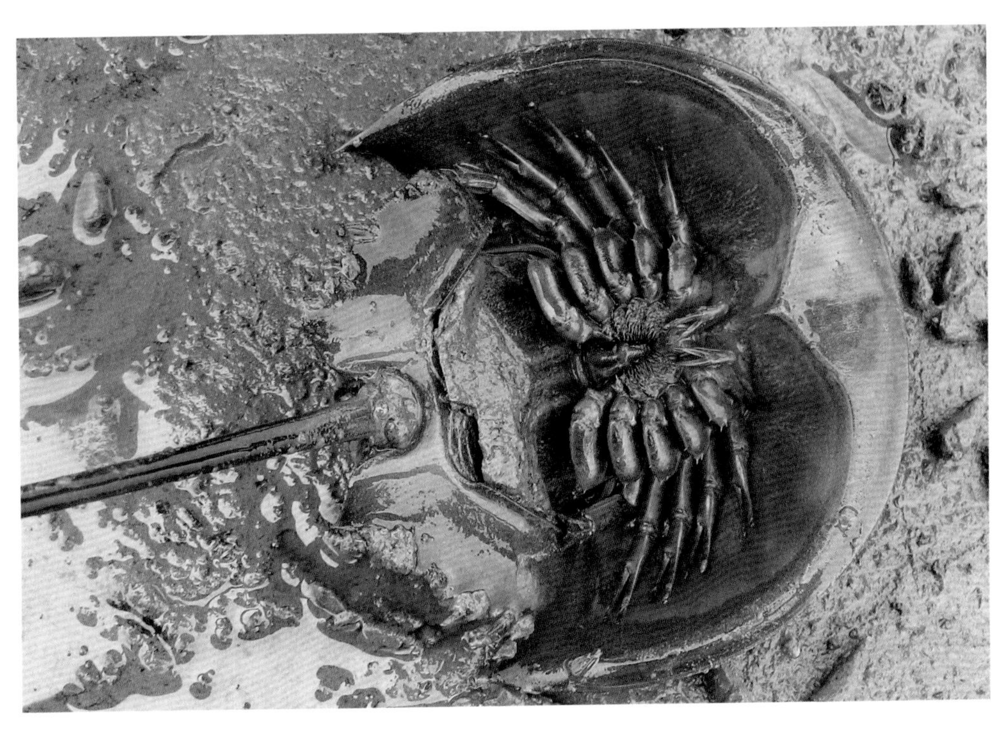

鲎的腹部

夫妻鲎

每年春夏季是鲎的繁殖季节。鲎一旦结为夫妻，便形影不离，肥大的雌鲎常驮着瘦小的雄鲎蹒跚而行。在红树林中常见抱在一起活动的夫妻鲎，鲎因而享有“海底鸳鸯”之美称。

近年来，鲎的数量在不断减少，原因有三：一是受栖息地环境影响；二是人为的乱捕滥杀；三是有厂家大肆低价收购小鲎，用来制造甲壳素。鲎的生存遭到严重威胁，目前中国鲎、圆尾鲎都被新增列入我国《国家重点保护野生动物名录》，受到严格的保护。

## 红树林中的鸟类

在我国红树林湿地里生活着445种鸟类，其中水鸟有173种。为何会有那么多鸟类在红树林中出现呢？这是由于红树林湿地的底栖海洋生物特别多，所以红树林区不但是候鸟的越冬场所和迁徙中转的“加油站”，也是各种海鸟觅食、栖息、生产繁殖的场所。我国的红树林就是西伯利亚至澳大利西亚全球迁徙鸟类的“加油站”，每年候鸟迁徙季节有大量鸟类在红树林区栖息觅食。

中国红树林水鸟通常在退潮时活动，大部分为鹭类和鸻鹬类，它们虽然嘴长、腿长、颈长，但却不会游泳；还有会游泳的鸥类和鸭类。这些水鸟都是红树林湿地的标志性鸟类，常以多个种类组成的混合群体出现，一个混合群体中的鸟类数量可多达成千上万只，并且成群结队地在红树林区里觅食，场面颇为壮观。

泽鹬群在红树林区内活动

红树林湿地中的白鹭群

迁徙鸟类繁忙的早晨

等待退潮的黑翅长脚鹬

# 红树林大饭堂

红树林是一个具有非常丰富的生物资源的生态系统。在我国，目前有记录的红树林生物物种已超过 3000 种，很多生物一辈子都以红树林为家，红树林为它们提供了丰富而充足的美食，可以说红树林是一个名副其实的“大饭堂”。

在红树林区觅食的猴子

# 红树林食物链

红树植物是初级生产者，它们带来了一个完整的生态系统的食物链：红树植物的凋落物（花、果、树叶、枝条）经微生物分解，逐渐变成营养物并被藻类吸收利用；藻类是浮游动物和螃蟹的食物；浮游动物是鱼儿和虾的食物。在这个大饭堂里，底栖生物小螺、小螃蟹、鱼儿和虾都有丰盛的美食。众多的海洋生物在林区有好吃的、好玩的，还能躲避天敌，它们怎么舍得离开红树林呢？

红树林凋落物

# 红树林是鸟类的天堂

红树林终年常绿，茂密的树冠为鸟类提供了栖息繁殖的场所。林中的多种昆虫则成了陆鸟的丰盛美餐，红树林外滩涂丰富的鱼虾蟹贝则为水鸟提供了丰富的食物。

鸟类在红树林区内的活动觅食对于维护这一生态系统的稳定具有重要作用，有利于生态系统的平衡，可以控制害虫种类和数量，防止虫害发生，有利于植物的正常生长。“鸟类天堂”北仑河口自然保护区就记录了鸟类 298 种，其中不乏勺嘴鹬等珍稀濒危鸟类。

红脚鹬在红树林区觅食

在滩涂上觅食的黑翅长脚鹬

在滩涂上觅食的红嘴鸥

暗绿绣眼鸟在红树林区捕食昆虫

白胸苦恶鸟在红树林区觅食

黑卷尾捕食红树林害虫柚木驼蛾

黑喉石䳭在捕食

褐翅鸦鹃在觅食

白头鹎捕食红树林害虫柚木驼蛾

丝光椋鸟

长趾滨鹬

泽鹬

# 红树林的生态功能

红树林的生态服务功能非常重要，红树植物扎根于海滩之上，为大自然和人类默默地贡献着能量。如今一些区域的红树林已遭到人为的破坏，我们有必要进一步认识和保护红树林。

## 对人类的意义

### 防浪护堤

红树林广泛分布于全球热带及亚热带近 120 个国家的海岸线上，具有许多重要的生态服务功能：防止海岸侵蚀、保护海岸带、净化水质、储碳和维持生物多样性等。海岸防护是其最为重要的功能，因而红树林享有“海岸守护神”的美誉，这一重要功能在 2004 年发生的印度洋海啸得到了印证。

2004 年 12 月 26 日，印度洋发生海啸，令沿海 23 万人失去了宝贵的生命，家园尽毁。然而在印度的泰米尔纳德邦，有一个小渔村的海边生长着一片茂密的红树林。在海啸来袭时，排山倒海的巨浪不仅没有摧毁红树林，反倒被红树林削减了威力，岸上的 172 户居民幸运地躲过了这场恐怖的灾难，这一事件让“海岸守护神”的盛名传遍全球。

红树林之所以能防风消浪，是因为其盘根错节的发达根系牢牢扎根在海滩之上，茂密高大的枝叶宛如一道道绿色长城，能有效抵御风浪袭击。纵观全球海岸，堤外分布有大面积红树林的地方，海堤就不易被冲垮，大风大浪造成的经济损失就小。红树林可谓沿海居民的“守护神”。

2014年9月16日，13级台风“海鸥”过境广西防城港市。为目睹和观察研究红树林的防风消浪作用，笔者在台风过境风力最强时，冒着生命危险，驱车前往北仑河口国家级自然保护区的几处海堤进行察看。在赶往交东海堤时，狂风大作，暴雨如注。狂风吹得树叶、砂石、垃圾等东西漫天飞舞，路边的广告牌被吹飞，电线杆被吹倒，被拉断的电线连续闪着巨大的火花，当时的情景如同世界末日，笔者那三吨多重的越野车差不多要被狂风掀翻。当笔者好不容易赶到交东海堤时，只见红树林外巨浪滔天，大浪翻滚，而红树林区内却风平浪静，与红树林区外的景象形成了非常鲜明的对比。海水到达岸边的海堤处时根本就没有波浪了，在台风中得到红树林保护的海堤安然无恙！

红树林使海堤在台风中安然无恙

## 促淤造陆

红树林的另一个重要生态服务功能是其促淤造陆功能。红树林盘根错节的发达根系能减缓海水流速，促进细颗粒物质沉积，有效滞留陆地来沙，形成滩涂。有红树林的滩涂会不断被淤积抬高和向海伸展，这样适合红树林生长的区域空间就会越来越大，红树林越长越多，不断地向海扩张，所以红树林又有“造陆先锋”之称。

在海平面上升背景下，这种促淤造陆功能对于维持红树林湿地的稳定性极为重要。如果红树林的促淤速度超过海平面上升速度，红树林就向海发展，否则红树林就不得不向陆地一侧后退。

在江河入海口，红树林促淤造陆而形成的滩涂

## 红树林的价值

红树林是大自然赐予人类的一笔宝贵财富。红树林的直接经济利用，主要是通过特殊木材的利用、养殖苗种来源地、红树林区的捕捞渔获、红树林果实的食用、药用资源的开发、红树林家畜养殖、红树林养蜂、红树林滩涂水产养殖等方式来进行的。红树林是生产力最高的海洋生态系统之一。有评估结果表明，广西的红树林生态系统服务功能价值为每年 74.82 万元 / 公顷，广西有 9330.34 公顷的红树林，每年为广西产生的生态服务价值约 698096 万元。

红树林地埋式生态养殖

红树林生态养殖

红树林养蜂

# 大自然的卫士

## 净化海水

红树林湿地具有独特而复杂的净化机制。红树植物通过光合作用将空气中大量的二氧化碳转化为有机碳，同时释放出大量氧气，不仅净化了空气，而且还能吸收海水和土壤里的重金属，累积氮和磷，减弱海水的富营养化，从而达到净化海水的作用。此外，红树林植物生长过程中

根系不断给土壤提供氧气，周期性的潮水浸淹和日夜生长节律导致根系供氧能力处于不断的变化中；而螃蟹等动物挖掘的洞穴也给土壤提供了额外的氧气。这些过程，给红树林土壤创造了理想的硝化反硝化条件，是的土壤和水体中的有机氮转化为无机氮，进而变成氮气回归释放到大气中。通过这个过程，红树林里的微生物也会分解有机污染物，释放出营养物质，供生态系统内各种生物吸收利用。

通过土壤—植物—微生物复合生态系统的物理、化学、生物的共同作用，红树林完成了对海水的净化过程。

红树林净化后的海水

红树林湿地

## 固碳

大气中二氧化碳浓度升高是全球变暖并导致气候变化的主要原因。而红树林作为典型的滨海蓝碳生态系统，通过把大气中游离的二氧化碳转化为含碳的有机质固定下来，具有极高的碳汇能力。红树林是地球上捕获二氧化碳的“明星”，单位面积红树林湿地固定的碳是热带雨林的10倍。我国科学家的研究表明，从福建到海南东岸的红树林每年净固碳量达7.2吨/公顷。红树林土壤是储碳的场所，因为红树林根系发达，其地下的根系重量占整株植物重量的60%左右，红树林代谢死亡后根系直接累积为土壤碳储。此外，其纵横交错的根系会在林区中通过沉积、堆埋的方式形成泥泞滩涂把外部输入的碳固定下来。

在应对全球气候变化和环境治理的挑战中，2016年全球100多个国家共同签署了《巴黎协定》，协议缔约国家必须尽快减少碳排放和实现碳中和。

要实现绿色发展，就必须要把经济发展中产生的碳进行抵消中和，红树林湿地对碳的固定就能起到抵消中和的作用。中国科学院华南植物园2014年的研究结果显示，中国红树林湿地年固碳量约为700万吨。可见，红树林在全球碳循环中扮演着重要角色。

## 维持生物多样性

红树林湿地是连接海洋与陆地的过渡带，内部结构复杂多样，具有强大的包容性，为数以万计的海洋生物、鸟类提供了生存、觅食、繁衍的环境。红树林生态系统的主要生产者是红树植物，其将能量储存在枝、花、果的凋落物中。凋落物掉落后被泥水中的微生物分解为养分，滋养各种浮游生物，从而引来大量的浅海鱼类和水鸟，红树植物的呼吸根、支柱根和树干与松软的滩涂一同为底栖生物提供了适宜的栖息地和安全的庇护所。我国的红树林的生物种类超过 3000 种，红树林湿地是我国濒危海洋生物生存和繁衍的重要场所。

因为有红树林湿地的存在，生物的多样性由此得以形成、丰富和发展。

红树林水下生物的多样性

# 红树林的生存威胁和保护

# 红树林的生存威胁

现存的一些因素威胁着红树林的生存，红树林需要人们去关爱和保护，专业工作者更需要为红树林的生存发展空间提供有力的保护。

## 乱砍滥伐

现在对红树林规模化的围填、直接的大规模的乱砍滥伐的行为已经很少了，但是在红树林周边偷偷小规模、蚕食性地少量砍伐红树植物来养殖贝类或虾类的情况还是时有发生的。此外，公路建设占用和码头建设毁林的情况还是时有发生，这些因素已威胁到一些边缘海湾红树林的生存。

## 垃圾污染

红树林虽然对污染物有很强的净化能力，但其净化能力也是有限的。工业及生活污水的排放、生活垃圾的倾倒、港口或船只泄油事故等都会对红树林造成生存威胁。城市附近的红树林区常常堆积着大量垃圾，如塑料包装袋、泡沫塑料、废家具、轮胎及玻璃瓶等，这些垃圾不仅对红树植物的幼苗造成了伤害，而且对底栖动物也产生了很大的影响。油污覆盖红树植物叶片及皮孔会导致红树植物窒息死亡，对红树林区的鸟类和蟹类的危害就更大了。

## 生物入侵

互花米草原生长在美洲大西洋沿岸和墨西哥湾，适宜生长于潮间带。互花米草秸秆密集粗壮，地下根茎发达，能力极强，生长快，扩散能力超强，用类似红薯的无性繁殖方式进行“传宗接代”，非常难于清理。1979 年被引入我国后便在我国各地海岸湿地开始了快速扩张，侵占了滩涂，把当地的红树林团团围困，挤占红树林的生长空间，影响了红树林的正常生长，给当地的自然生态系统带来了巨大的负面影响。薇甘菊和飞机草等物种也对红树林造成了不同程度的影响。

互花米草侵占红树林原生滩涂

被团水虱窑蛀的白骨壤树干

## 病虫害

近年来，我国红树林周边的环境恶化，沿海岸边的植被减少,红树林害虫的天敌减少。危害红树林的害虫种类有37种，其中在我国有20种为主要害虫。危害性比较大的有广州小斑螟、柚木驼蛾、毛颚小卷蛾等。这些害虫大量暴发时会在短时间内将红树林的叶子吃光，使红树植物无法进行光合作用，导致枝条干枯死亡。我国红树林病虫害每年都有发生，有的病虫害规模在扩大，而且新的病虫害不断出现，严重影响了红树林正常生长和繁衍，造成了红树林的退化。

## 过度捕捞

红树林面临着过度捕捞的问题。随着海鲜价格的猛涨，来自红树林的生态海鲜容易卖出好价钱，当地大量群众进入红树林进行捕捞，各种违法电鱼、毒鱼等事件频频发生，使大型底栖动物和游泳动物数量急速下降，红树林生态系统遭到严重破坏，严重影响了红树林生态系统的健康和稳定。

有药用价值的红树植物及可食用的果实不断遭到非法采集，频繁的挖掘活动损伤了红树植物的根系，植枝被折断，幼树被踩死，严重影响了红树林生态系统的健康及红树植物群落的自然更替。

# 让我们一起来保护红树林

红树林是自然界馈赠给人类的一笔宝贵财富。2017 年 4 月 19 日，习近平总书记在广西北海金海湾红树林生态保护区考察时明确指出：“一定要尊重科学、落实责任，把红树林保护好。”

学习了解红树林生态系统的物种多样性，认识红树林生态系统对人类的重要作用，并向身边的朋友分享你的学习成果，让更多的人认识和了解红树林的重要性。

## 保护红树林，你可以这样做

1. 与朋友们一起去有红树林的海边或红树林保护区近距离接触红树林，参加净滩行动，为红树林清理海洋垃圾。

2. 在日常生活中，节约和保护身边的水资源。

3. 参与环保组织的红树林认养活动，感受红树林的生长过程。

4. 参与社团组织的人工种植红树林活动，亲手在海滩种植红树植物幼苗。

让我们一起想办法，努力行动起来，让红树林在人们的共同保护下茁壮成长，欣欣向荣！